家装省钱攻略

10万～15万元打造个性之家

王　巍・主编

中国纺织出版社

目录

Contents

阅读提示

本书的家装预算表所涉及的数据均为建材价格，不涉及软装、人工、垃圾清理、交通等费用，且建材的价格因地域和品牌等原因存在差额，所以书中提到的主要建材价格仅供读者参考。

简约居室同样巧夺天工

家装预算表

建筑面积：138平方米

风　格：简约后现代

主要建材价格

实木地板：8500元

壁　纸：3600元

瓷　砖：12400元

墙面漆：6500元

油　漆：5500元

灯　具：5600元

五　金：5000元

工　期：2.5半月

❶ 垂吊的灯饰散落温暖的光芒，洁白的花束、独特的抽象画、各式的摆设都独具匠心。

❷ 永不褪色的经典潮流，展示属于个人的经典黑色。

如果你是一个热衷简约后现代风格的业主，本案应该是你参考的最佳选择。在本案中，有都市人非常迷恋的黑白色调，经典雅致；也有耐人寻味的工艺品与装饰画，巧夺天工。

本案客厅的地板与电视背景墙统一为深褐色，看上去稳重大方，同时也让居室的整体感更加凸显。餐厅虽然面积不大，但也宛若一个小型的工艺品展台，摆放着各种精致的餐具，并搭配了别致的烛台，显得分外浪漫。而餐桌的颜色与工艺画的颜色完美呼应，空间的灵动感不言而喻。

1

2

❶～❷ 鲜花、烛台、餐具、装饰，餐厅的每一个细节都别具匠心，秀色可餐。

❸ 电视柜线条流畅，金色的花瓶奢华大气。深褐色布满了客厅的墙面、家具和地面，格调高雅。

❹ 巧有新意的大相框留下生活走过的每一步脚印。

❺ 书房是一个冷静思考、静心学习的地方，装饰简约纯粹，凸显主人高雅品位。

❻ 平面布置图。

3

4

5

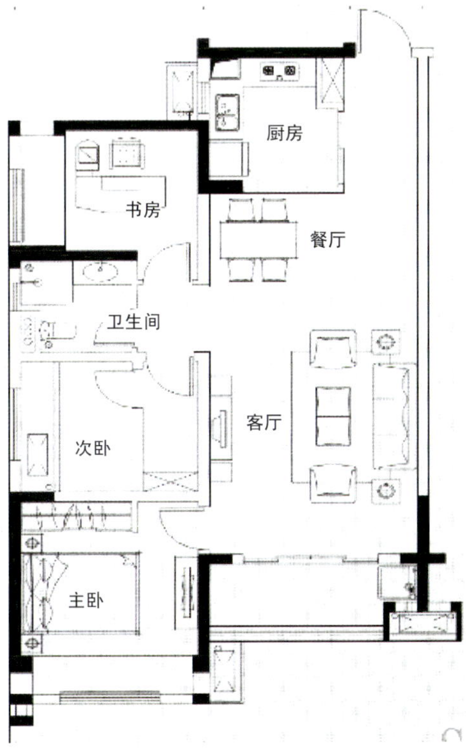

6

❶ 明艳的红色带给人愉悦，植物的绿色给人活力，拥抱午后阳光，生活显得无限惬意。

❷ 明亮洁净的厨房，彰显出高雅的生活品味。

❸ 整体色调单纯而不单调，白色和咖啡色相互映衬，搭配巧克力色靠枕，使卧室看起来理性、含蓄，现代味十足。

❹ 红地毯雍容华贵，彰显主人高贵身份。

❺ 卧室端庄典雅，少了复杂的修饰，体现出主人对时尚的态度，舞动的身姿传递灵动之美。

1

❶ 粉红的房间实现每个女孩的公主梦。

❷ 洗手间的功能分区充分利用了整个空间。

❸ 玄关的设计简单实用，十分人性化。

❹ 天真可爱的卡通小玩意，呈现出小女生的活泼气质。

回归乡村生活

家装预算表

建筑面积：140平方米

风　格：美式田园

主要建材价格

壁　纸：4500元

实木地板：18000元

瓷　砖：15500元

墙面漆：5700元

灯　具：4800元

五　金：4200元

工　期：3个月

❶优美造型的铁艺餐桌格调高雅。

❷在精雕细琢的摆设中看到了主人视生活为艺术的人生态度。

本案整体透露的是一种浓郁的欧美田园风。客厅里淡黄色的墙纸与褐色的地板交相呼应，布艺的沙发加上墙壁上悬挂的盆花画以及随处可见的鲜花，时不时让人感受到自然的气息。转过客厅，来到小小的会客厅，这里布置了整洁的茶几、新鲜的花朵、米黄色的沙发、透着阳光的窗帘以及两盏并排的小灯，整体给人温馨与简约之感。主人的卧室充满着浓厚的田园风格，布满碎花的墙纸、窗帘、被子，无时无刻不在体现回归田园的愿景。温馨柔和的餐厅，以土黄色为基本色调，给予了主人居家最大的舒适和整洁。

❶ 粉色的双人沙发淡雅大方。

❷ 没有过多的花哨点缀，只为呈现田园脱俗的气质。

❸ 实木家具的外形基本使用直线，线条疏朗。

❹ 卧室房门设计成圆拱的造型，风味十足。

4

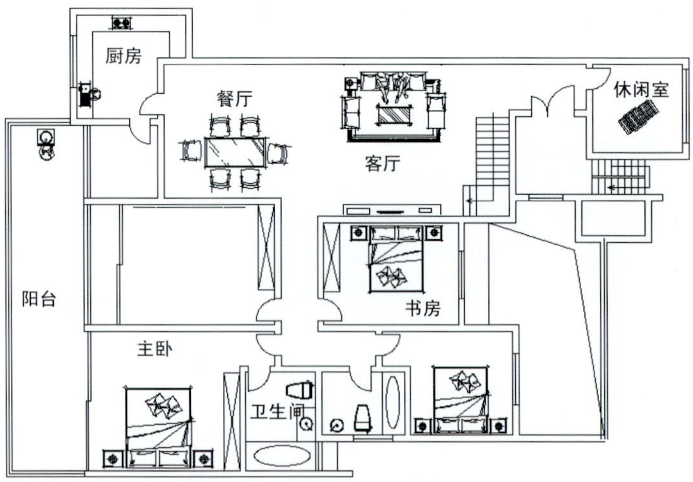

❶床品是空间中浓墨重彩的一笔，让田园气息自然地蔓延开来。

❷同一系列的装饰画很好地与橘色墙面相呼应。

❸平面布置图。

❹小窗户的精妙设计弥补了卧室光线不足的问题。

❺和煦的阳光照进书房，暖意洋洋。

4

5

❶ 精致的三人餐桌将富有情调的餐厅搬到了家里。

❷ 透过拱门去看书房，别有一番风味。

欧式家居的华丽视觉享受

家装预算表

建筑面积：198平方米

风　格：欧式古典

主要建材价格

壁　纸：4500元

实木地板：18000元

瓷　砖：9500元

墙面漆：5700元

灯　具：4800元

五　金：4200元

工　期：3个月

❶ 圆形茶几让居家氛围变得格外柔和。
❷ 华贵的外观、考究的餐具，营造优雅的西式情调。

虽然欧式的古典风格在我们实际的家装中比较少被采用，但是这无碍它的艺术性。如今的家早已不再是单纯地追求实用性了。在本案中，作为艺术品般的欧式家居还是有很多地方值得玩味和欣赏的。从装潢方面来说，墙面使用了欧式的墙纸，花纹比较明显，纹理也较突出。本案很少有留白的处理，因此就算是墙面也是非常有看头的。在线条方面，比如顶角线、踢脚线和门套基本采用白色。线条的处理则是以直线条为主。最少有2~3的装饰线条，加上线条中各式各样的图案和花纹的点缀，给人一种华丽的视觉享受。

❸ 酒柜设置在家居中能增加空间的美感。

❹ 古典质朴的家具设计，弧度优美，沉着稳重。

❺ 舒适宁静的书房不需要太多的修饰。

1

2

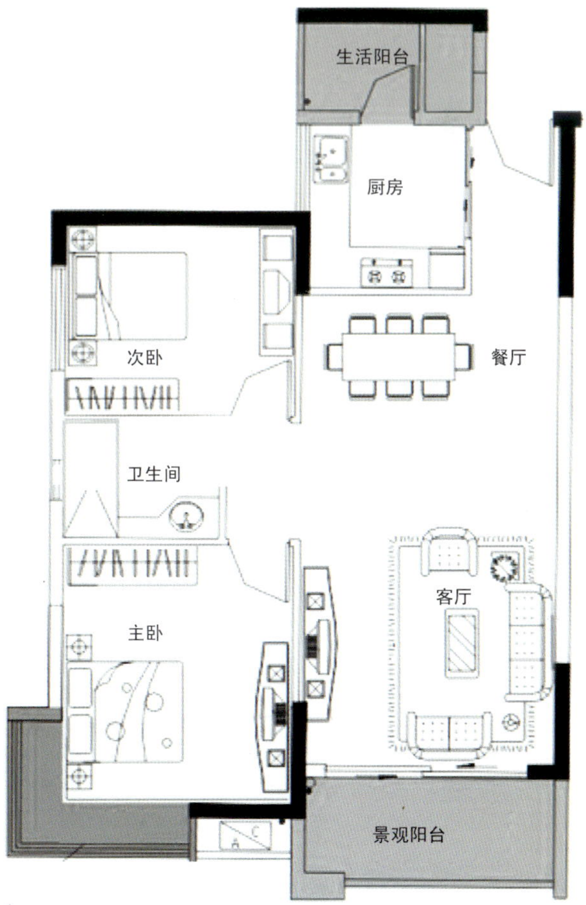

❶巧妙的光影设计，让居室变得异常温暖。
❷床头的软包设计华丽大气。
❸卫生间墙面的瓷砖颇有特色。
❹梳妆台上两只秀美的天鹅给卧室带来了非常强的灵动感。
❺平面布置图。

细节凸显品味

家装预算表

建筑面积：145平方米

风　格：简约欧式

主要建材价格

实木地板：9500元

瓷　砖：9800元

油　漆：3500元

墙面漆：4500元

灯　具：6600元

五　金：4000元

工　期：3.5个月

❶橘色的墙面、丝质的粉色床品营造出温馨的氛围。
❷餐厅古典风韵浓厚。

现代欧式设计风格趋向简洁，这种潮流也把简单、朴实的元素带进此种风格的设计中。本案风格大气，虽然房间面积不是特别大，但设计师将心思放在了细节设计上，灯光的多元化，让居室变得非常有品位。同时，家具的选择与硬装修上的欧式细节应该是相称的，选择深色、带有西方复古图案以及非常西化的造型家具，与整个居室的氛围和基调也搭配得十分和谐。

1

2

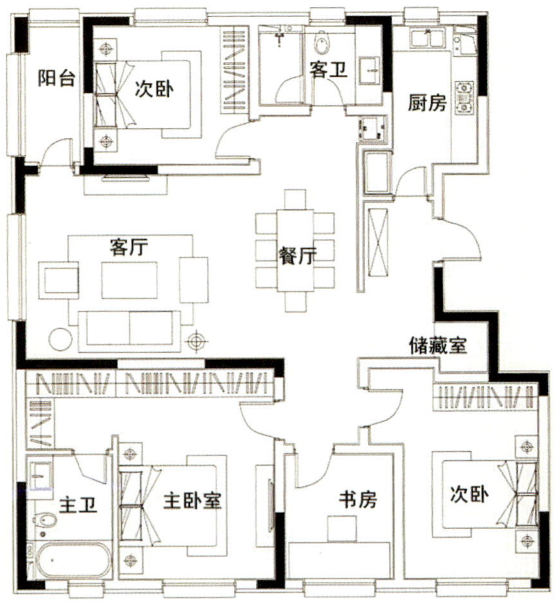

3

❶ 典雅的花纹图案穿插在卧室的每一个部分。

❷ 富有浪漫情怀的罗马帘让整个卧室尽显高贵华丽。

❸ 平面布置图。

❹ 砖纹墙面的卫生间有着非常强的立体感，显得干净整洁。

❺ 以简约的线条代替复杂的花纹，厨房的设计更体现现代生活的休闲与舒适。

妙趣横生的书香意境

家装预算表

建筑面积：156平方米

风　格：简约中式

主要建材价格

实木地板：14000元

壁　纸：5000元

瓷　砖：19800元

墙面漆：8500元

油　漆：5000元

灯　具：7800元

五　金：5400元

工　期：3个月

❶ 皮质沙发和太师椅的结合，展现了中西合璧的概念。

❷ 不规则玻璃花纹的电视背景墙使居室展现出一丝俏皮。

客厅以一种东方人的“留白”美学观念，彰显出大家风范。放上一小盆盆栽，不但绿意盎然，风韵独特，在此观姿赏形、品茶论道更是妙趣横生，令人心情愉悦。餐厅里那线条流畅的白色灯饰，注入现代元素的桌椅，加上一副颇具中国风的扇子装饰画，传统中透着现代，现代中糅着古典，效果与众不同。在卧室的床上，设计师别具匠心地摆上了一副小茶几，既能体现中国传统神韵，又具有实用性。卫生间选用橘黄色的仿古瓷砖，特别古朴、自然。卧室与客厅的回廊被巧妙地设计成了一个小书房，加上深棕色木制家具和各种原汁原味的古玩装饰品，营造出了一种书香意境，让人流连忘返，想在此“诗意地栖居”。

❶～❸灯具无疑是餐厅的最大亮点，椅套上的蝴蝶结又为空间增加了可爱元素。

❹ 床头的瓷器台灯，很好地奠定了居室内厚重端庄的基调。

❺ 书房连接着户外阳台，看书看累了可以在休闲区好好放松一下。

4

5

❶ 卧室的光影设计无疑是本案的最大亮点。

❷ 简单的木质电视柜折射出让人回味无穷的东方美感。

❸ 狭长的书房摆满了主人的奇珍。

1

2

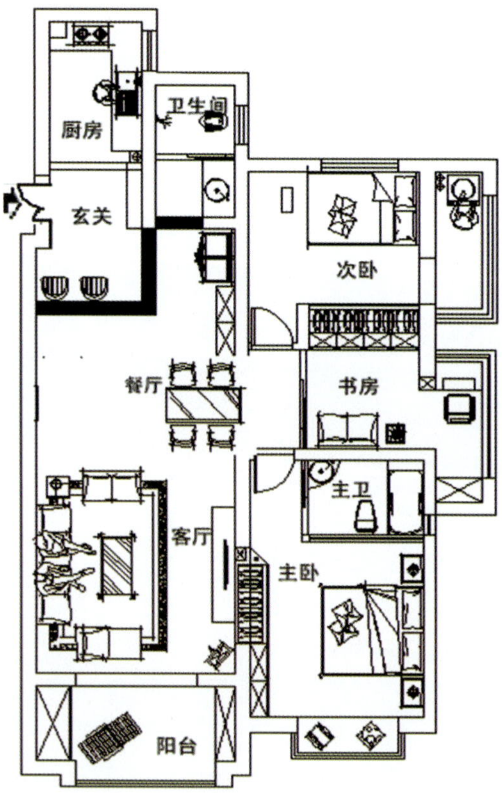

3

4

5

❶ 书房里白色的座椅跟房间的整体颜色形成强烈对比，兼具儒雅与冷静的气质。

❷ 中式的镂空雕花格子让居室变得古典气息十足。

❸ 平面布置图。

❹ 书房一角，优雅宁静。

❺ 一些树枝工艺品将卫生间点缀得颇有大自然的气息。

❻ 浴室采用了玻璃隔墙设计，淋浴间的马赛克立体感极强。

6

❶～❷ 整个休闲区通透雅致，玻璃隔墙与天花板让空间感得到非常大的延伸。

淡雅浪漫的木质空间

家装预算表

建筑面积：160平方米

风　格：东南亚

主要建材价格

板　材：7600元

实木地板：15400元

壁　纸：6400元

瓷　砖：9800元

墙面漆：4500元

灯　具：5600元

五　金：4000元

工　期：2.5个月

1

2

❶ 现代简约风格的沙发，精美的相片与造型简单的陶瓷在此起了画龙点睛的作用。

❷ 棕色的餐厅桌椅映衬着银白色的器皿与烛台，浪漫且温馨。

❸ 纯实木家具显得贵气十足。

❹ 深棕色的木质餐桌搭配金属质感的餐具和摆设显得十分大气。

❺ 精致的茶壶茶杯，将居室点缀得非常有品味。

简约风与木质质感的融合是本案的一大特点，现代摄影作品点缀着白色的墙壁，与深棕色的沙发相映成趣。

现代与古韵在此交织。客厅中摒弃了外表多余的浮华以显露原本的特质，现代风的陶器、铁制装饰品，简单的形象符号构筑了淡雅清新的家居空间，大量的留白，沙发、茶几的直线造型延伸了空间的层次感，油画更是在摩登的风格中散发出丰富的人文气息。用淡雅浪漫来形容餐厅是最贴切的了，在这里没有姿态高贵与金钱堆砌的豪华，有的只是舒适的简约空间。而卧室温馨的色调，浪漫的气氛，如此轻松宜人的环境让人不想轻易离去。

3

4

5

1

2

❶ 卧室去除繁冗，风格上毫不拖泥带水，白色的床品与灰色的背景墙相照映，营造出一个闲适的睡眠空间。

❷ 实木衣柜颇有原始意蕴。

❸ 浴室的设计注重与房间整体格局的搭配。

❹ 白色的墙壁映衬着木质质感强烈的家居，现代简约中似乎透露出一丝古韵悠悠。

❺ 平面布置图。

苏格兰的芬芳之吻

家装预算表

建筑面积：164平方米

风　格：英式田园

主要建材价格

实木地板：10500元

壁　纸：6200元

瓷　砖：9800元

墙　漆：4500元

油　漆：5600元

灯　具：6600元

五　金：4000元

工　期：2.5半月

❶ 花团锦簇营造浪漫用餐环境。

❷ 从家具上就感受到一种宁静和舒适，优雅成熟如中年女子含蓄温婉，内敛而不张扬，散发着从容淡雅的生活气息。

作为成功的英式田园范例，本案使用了大量清新淡雅的颜色、柔美娇嫩的花朵图案，使居室显得更为浪漫。英式田园风格的主调，配以以手工布面沙发，线条优美、颜色秀丽，饰品布艺也秉承了这个特点，特征鲜明得让人过目不忘；空间上，干干净净，宛如一张画布，以花和植物为主题，素雅的色彩为主色调，与白色浪漫主义家具搭配，在现代感中透出一丝丝怀旧，一点点活泼，营造出静谧又明媚的空间。

❶

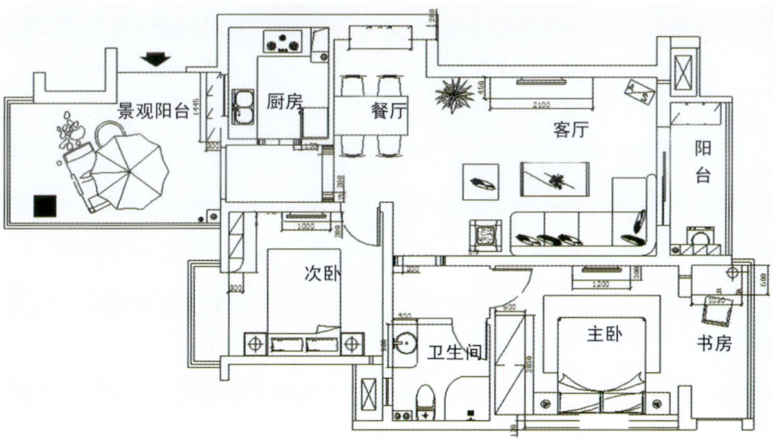

❶ 田园风格的厨房也可以变得十分时尚。

❷ 以花和植物为主题，素雅的色彩为主色调，与白色浪漫主义家具搭配，现代感中透着一丝丝怀旧。

❸ 大量使用清新淡雅的颜色、柔美娇嫩的花朵图案，是使居室显得更为浪漫的常用方法。

❹ 平面布置图。

1

2

3

❶ 碎花永远是英式田园不可缺少的元素。

❷ 手工玩偶让家变得更加温馨。

❸ 英式田园家具造型简洁大方，没有过多的装饰效果，但免不了在一些细节处做处理。

❹ 英式田园家具是一种非常生活化的乡野风格，但这种风格的家具依然很大气，多以奶白、象牙等色为主。

❺ 卫生间的设计虽然比较简单，但是金属边框的浴室镜和造型浪漫的灯饰仍然能点亮田园主题。

❻ 宁静祥和的书房。

繁简结合，缔造雅致空间

家装预算表

建筑面积：168平方米

风　格：后现代

主要建材价格

实木地板：29500元

壁　纸：6800元

瓷　砖：19800元

墙面漆：8500元

油　漆：7600元

灯　具：7600元

五　金：8400元

工　期：3.5半月

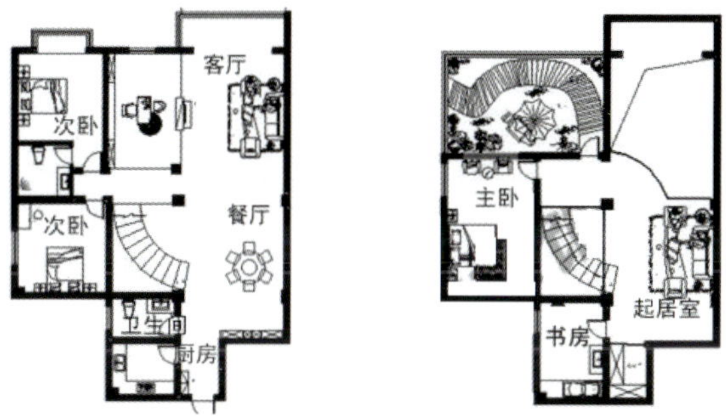

❶客厅设计大气华丽，让人为之震撼。

❷简洁、雅致、华丽，展现在眼前的是一个品味十足的客厅。

❸平面布置图。

棕色与乳白色的皮质沙发、大理石的地板设计，以及茶几上的麋鹿装饰品等都彰显了主人的高端品味。简单的卧室以黑白相间的色彩装饰，床单上的些许小玩意和有特色的台灯便成了房间的亮点。复杂的卧室便以暗红、棕红和白色为主，床头墙壁上独特设计的镜柜与暗红色镶镜的衣柜，似乎延伸了这间卧室的空间。卫生间简单的大理石台面以及地板等陈设，能够使主人彻底地放松心境。书房里，乳白色靠墙木柜、数本历史书籍、几个白色人物装饰品、一张棕黄色皮沙发、一盏构造独特的台灯，以及地上富丽堂皇的地毯，坐在这里，拿起一本书来翻看，定是怡然自得。

❶ 厨房的玻璃门宛如水晶珠帘，十分漂亮。
❷ 灯光倾泻下来，反射在四周的透明玻璃上分外夺目耀眼。
❸ 玻璃推拉门与大型水晶吊灯构成了一个非常通透的餐厅。
❹ 主卧空间宽敞明亮，非常舒适。
❺ 两个衣柜之间开辟出一个小巧的学习区。
❻ 黑白相间的床品视觉冲击力非常强。

4

5

6

1

2

3

❶ 电视柜与墙体和地板的色彩十分协调。
❷ 黑白相间的床品展现出一种经典的居室美感。
❸ 床头背景墙的设计让空间变得非常有艺术感。
❹ 楼梯间的灰镜起到了错开空间视觉的作用。
❺ 狭长的过道铺上玻化地砖显得非常明亮华丽。
❻ 时尚的铁艺工艺品散发出简约灵动之美。

1

2

3

❶ 造型奇特的工艺品和台灯，总能让居室焕发新的光彩。

❷ 搭配好床品的色彩，有时会让居室变得意蕴十足。

❸ 卧室里精彩的休闲区，为生活增添乐趣。

❹ 深红色的橱柜设计简单明朗舒适，在厨房里品尝自己制作的美味佳肴实在是一大享受。

❺ 图案雅致的地毯，色调非常柔和。

❻ 区域功能划分清晰的厨房。

1

2

3

❶ 既有浴缸也有淋浴间，卫生间的功能非常齐全。

❷ 镜后灯带的设计，时尚感非常强。

❸ 宽大的浴室镜无形中拓宽了卫生间的空间感。

❹ 鸟笼、鲜花、藤椅，这些休闲元素将空间点缀得很有亲近感。

❺ 休闲区不忘好好布置一番，以创造别样的惬意生活。

4

5

环环相扣的空间美感

家装预算表

建筑面积：168平方米

风　格：简约欧式

主要建材价格

壁　纸：2400元

实木地板：8500元

瓷　砖：9200元

墙　漆：3500元

油　漆：4500元

灯　具：5600元

五　金：4800元

工　期：2个月

❶ 雍荣华贵的沙发奠定了欧式风格的厚重感。

❷ 竖琴造型的时钟让电视背景墙多出一抹亮色。

很多人认为奢华的欧式风格一定要花很多钱来堆积，其实不然。在做设计时，如果能够注意好局部空间的搭配与衔接，同样能创造出令人惊叹的欧式效果。

本案从入户门到起居室，每个空间环环相扣，每个空间的亮点都十分明显，统一的色调，精致的用材，以及十分完美的后期软装，业主用非常低廉的价格便打造出了一个具有十足异域风情的休闲之家。

本案的光影处理是十分值得称道的，无论是客厅的灯光还是餐厅、书房，设计师都采用了大量筒灯、射灯以及灯带对居室强化光线处理，极大程度上表现出欧式风格的富丽堂皇。

❶ 地砖与房间的整体颜色非常协调。

❷～❸ 整个房间的层次感非常强，布局和让人为之惊叹。

❹ 室内水槽尽显闲适，珠帘也爱你住处独属的尊贵，这里就是你自己的宫殿。

❺ 开放式的餐厅和厨房显得异常宽敞明亮。

4

5

❶ 厨房的通风效果十分好，确保了做饭时油烟不会在屋内散开。

❷ 橱柜的颜色与墙砖地砖的颜色完美融合。

❸ 餐厅特别的方形吊顶在视觉上起到了不错的分区效果。

❹～❺ 线帘简约优雅，起到了不错的空间分隔作用。

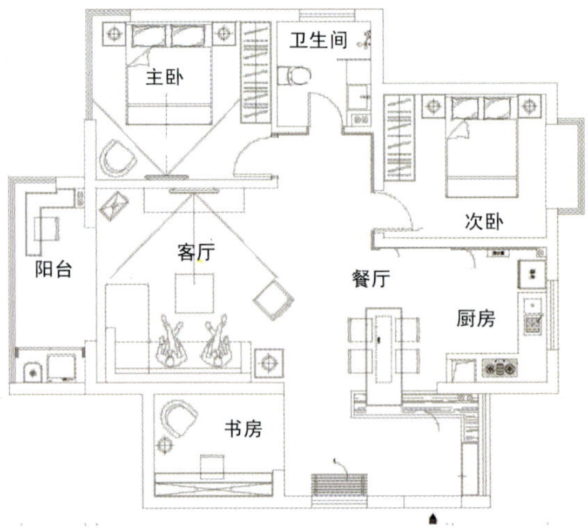

❶ 墙纸、床品、窗帘的风格无不将欧式风情诠释到底。

❷ 碎花窗帘显得十分温馨浪漫，与床品搭配得十分契合。

❸ 平面布置图。

❹ 书柜里面的灯带让原本简单的设计变得灵动起来。

4

❶ 地砖、墙面与门色调调和，浑然天成。

❷～❸简单的浴帘起到了不错的干湿分区作用。

家装省钱有妙招——软装篇

是否定做家具

如今，很多年轻人喜欢比较有个性的家居，为此会找一些家具生厂商要求定做家具，价格比卖场里的家具会便宜很多，而且还可以根据自己的喜好、生活习惯量身打造，真正实现个性化的家居理念。然而，定做家具并非想象中那么简单，一味地追求省钱，不了解定做合同中的一些细节，不清楚各种材料的差异，甚至遇上黑工厂，都会让你原先的“省钱梦”破灭。

如果厂家的信誉、口碑很不错，那么定做家具是很划算的。值得一提的是，做一套家具要比做一件更划算，因为做一整套家具能最大程度地利用材料，只做一件，不可避免避免地造成材料的浪费，而浪费掉的这些材料实际也是计入预算中的。所以，如果打算定做家具的话，最好做一个完整的计划，所有的家具都定做，找一个可靠的厂家，选定一种较为环保的主材，实施整体定做，这样下来你会发现比购买成品便宜上千元。

制订合理的预算

开价比较低或砍价特别容易的厂家不要考虑。一些个体作坊，由于大量使用了质次价低的原材料，家具的价格比较便宜，动辄能够砍价上千元，对这类看似便宜的家具千万要小心，表面上也许看不出什么毛病，使用一段时间后便可

悟出“一分钱一分货”的道理了。所以，前期根据自己的实际需要，做充分的市场调查是很必要的，预算价格在定做市场上合理即可，要知道好材料哪里都不便宜。

选厂家多听多看

定做家具选厂家非常重要，可以通过网络论坛里一些“过来人”的介绍选择口碑好的厂家。另外，现在有些自立门户的家具设计师背后都有不错的制作厂家，对于喜欢原创的年轻人而言是个不错的选择，既可以听取专业人士的意见，又可以通过与设计师的沟通得到适合自己的个性家具。

确定厂家之前，要去他们的工厂或展示厅看样品，仔细观察样品的工艺细节，接缝处是否严密，上漆是否均匀，家具内部材料是否平滑等。所谓细节之处见功夫，细节处理得好的厂家产品质量有保证。

灯具的价格随意性最大

灯具作为装修中软装的重要一环，看起来十分复杂，但是专家建议，在购买时完全可根据自己需求选择。灯的价格从几十元到几万元，在质量上存在区别，但都无实质性问题，消费者可以放心使用。安装灯具一般都是按照室内需求来定，并没有一个固定的模式和价格。通常一个客厅需要灯具装饰的话，可能要花几千元，如果不需要的话，可以直接安装顶灯，只需要几十元，所以灯具成本核算是根据消费者的经济条件和要求来确定的，随意性很大。

儿童房墙面考虑使用几何橱格

儿童房的设计需要考虑能培养小孩对颜色和实物的感知能力。其实，可以在儿童房的墙面制作一些六方形蜂窝状橱格（其他活泼的几何造型亦可），具体做法是用普通板做基材，外表抹灰，最后涂刷彩色乳胶漆。这一设计与儿童房的整体主题相呼应，并且完全可以自创，用料便宜，造价自然低于市场上购买的儿童搁架。

做橱柜省钱法

现在市场上流行的大多是板材或实木板，特点是组装简单。但是有的时候容易变形，而且买的时候通常就是按套米来计算价钱。其实考虑到环保、耐用等因素，如果条件许可，橱柜的一部分完全可以采用传统的方法——用砖砌。用红砖砌底台，砌完后贴瓷砖，台面上铺设厚点的花岗岩。这样的橱柜，里面基本没有死角，蟑螂等虫害会减少，用水冲洗也不怕泡水。

中小户型不妨做个榻榻米

在中小户型里，将某间房间或者某个区域设计成榻榻米形式，可以说是最能节省空间、最为省钱的方法。在制作榻榻米房间时，可将房间地面抬高，同时在地台内设计若干个侧拉门式储物柜，这样一来便可存放大量的被褥及其他杂物，节省出许多储物空间；同时，榻榻米可用作休闲、阅读、睡眠等多种功能，特别是对于小户型业主来说，功能性和省钱两不误。

橱柜最好能买价格适中的产品

橱柜应该是家庭装修中比较贵的一个项目了，动辄上千上万元。究竟多少钱的橱柜才可以放心使用呢？很多行业专家介绍，至少需要800元 / 套米。实践证明，一些品牌较好的橱柜五金耐用、不变形，而部分价格低廉的橱柜，防震气囊、回门器在使用一段时间后都有不同程度的损害，而且橱柜的零件与其他产品不同，由于它是一体化结构，在修理

上很难，所以专业人士建议消费者，购买橱柜产品价格最少也应该在800元／套米以上才放心。

展示柜可考虑不做壁板

木板是装修过程中用得非常多的一种材料，木板要省钱也可以从壁板动脑筋。柜子钉壁板除了有防潮的功能外，还有受重的考量。其实如果壁面没有渗水的问题，平常不放置重物，完全可以不要钉柜子的壁板。例如某些主卧的展示柜，主要是要让屋主放置个人收藏品及化妆品，所以设计师并没有钉上壁板，这样既省钱又有美感。

此外，做木柜子也有省钱的绝招，一般木作柜子的计价方式，除了木工作柜体及使用五金配件的价格外，还包括了门片油漆的费用。为了省钱，可以考虑请木工钉作木柜子的柜身，再用系统柜的门片，这样不但省了门片油漆的费用，再加上系统柜的价格本来就比木作柜子便宜，就能省下一笔不小的开销了。

玄关隔屏用鞋柜取代

很多家庭为了不让造访者一眼就看到客厅，都会在入门处制作玄关隔屏。考虑到经济实用，其实可以用鞋柜来代

替。虽然鞋柜的价格比玄关隔屏看起来要贵一些，但比较实用，而且也节省了玄关隔屏的费用。

买门的省钱法

现在的门分为很多种，实木门、复合门、免漆门、包镶门、实木造型门等。作为一般家庭使用的话，纸芯门就可以了。因为纸芯门的承重力很大，隔音效果也不错，基本在400元/扇左右。而且在二次装修的时候，把门直接用砂纸一打磨，上漆之后基本和新门一样。

内容提要

本书为读者介绍了近10套不同风格的家居样板房，旨在以10万～15万元的预算，为需要装修的业主打造极具个性的潮人之家，包括欧式、美式、中式、东南亚等多种家居风格，图片精美丰富，是读者挚爱的家居典藏。本书还详细列明了各种预算，包括壁纸、实木地板、瓷砖、油漆等，是读者家装省钱必不可少的得力助手。

图书在版编目（CIP）数据

10万～15万元打造个性之家 / 王巍主编. —北京：中国纺织出版社，2011.7
（家装省钱攻略）
ISBN 978-7-5064-7374-3

Ⅰ. ①1… Ⅱ. ①王… Ⅲ. ①住宅—室内装修—建筑设计 Ⅳ. ①TU767

中国版本图书馆CIP数据核字（2011）第041834号

责任编辑：尚　绣　　安茂华　　李美华
责任印制：刘　强
编　　委：张　苗　　刘利程　　高　阳

中国纺织出版社出版发行
地址：北京东直门南大街6号　邮政编码：100027
邮购电话：010-64168110　传真：010-64168231
http://www.c-textilep.com
E-mail:faxing@c-textilep.com
长沙湘诚印刷有限公司印刷　各地新华书店经销
2011年7月第1版第1次印刷
开本：889×1194　1/16　印张：5
字数：80千字　定价：29.80元
